安全行为小百科

上网有危机

安全行为小百科编委会　编

地震出版社

图书在版编目（CIP）数据

上网有危机/ 安全行为小百科编委会编. -- 北京：地震出版社, 2023.6

ISBN 978-7-5028-5505-5

Ⅰ.①上… Ⅱ.①安… Ⅲ.①计算机网络—网络安全—少儿读物 Ⅳ.①TP393.08-49

中国版本图书馆CIP数据核字(2022)第212253号

地震版XM5122/TP(6326)

上网有危机

安全行为小百科编委会　编

责任编辑：李肖寅

责任校对：鄂真妮

出版发行：地 震 出 版 社

北京市海淀区民族大学南路9号　　邮编：100081

销售中心：68423031 68467991　　传真：68467991

总编办：68462709 68423029

http://seismologicalpress.com

经销：全国各地新华书店

印刷：河北文盛印刷有限公司

版（印）次：2023年6月第一版 2023年6月第一次印刷

开本：787×1092 1/16

字数：90千字

印张：4

书号：ISBN 978-7-5028-5505-5

定价：28.00元

目录

一、不识“主播”真面目

最近，杜可每次碰到邻居家的姐姐小丽，发现她总是在看一个唱歌主播的直播，有一天，杜可好奇地凑过去看了看，小丽神采飞扬地跟她分享起这个主播的视频。

“他唱歌可好听了，人还特别友善，有时还会在直播间和我互动呢。”小丽边展示主播页面上的视频，边对杜可兴奋地说。

“哇，他的粉丝还不少呢，确实歌声很好听。”杜可也沉浸在美妙的音乐中。

“对呀对呀，人也长得很帅，一点也没有大主播的架子。”

“可是这么多粉丝在看他，他是怎么注意到小丽姐姐你的呀？”杜可有些疑惑。

“我可是‘忠粉’！久而久之他就记住我了呗。不说了不说了，马上到他直播的时间了，我走啦。”小丽说着，兴冲冲地回家去了。

杜可笑着摇了摇头，在心里感慨道：“这个小丽姐姐，之前两耳不闻窗外事，这回找到喜欢的主播了，‘追星’劲头真足啊。”

一天傍晚，杜可正在自己房间看书，突然听到楼下传来一阵嘈杂的声音，她好奇地往窗外一看，发现楼下停着一辆救护车，医护人员正将担架抬往车内。

杜可仔细辨认了一下，发现上面躺着的竟然是小丽姐姐！她连忙跑出来和爸爸妈妈说起这件事。

“哎，都是直播惹的祸呀。”妈妈叹了口气说，“前几天跟小丽妈妈聊天，才知道小丽这段时间沉迷直播，居然被骗光了原本给她准备的夏令营费用。”

“怎么会这样！”杜可惊呼道。

“具体的我也不是很清楚，自从小丽父母发现这件事后，他们大

小倩

吵了一架，小丽从那之后精神状态就不是很好，身体也变差了。看来这次……希望小丽平安无事啊……”妈妈忧心忡忡地说道。

万幸的是，小丽的身体很快康复了。

一个阳光明媚的午后，杜可去小丽家中探望，看到她正在窗边画着最擅长的油画。

看到平静的小丽，杜可松了口气，为了不影响小丽的心情，杜可兴致勃勃地给小丽讲起了自己的假期见闻。

说着说着，小丽自己主动提起了那场风波。“小可，没想到我居然也会做出这么糊涂的事。”

“小丽姐姐……”杜可也不知道该怎么安慰小丽，不过还没等她说下去，小丽便开口了。

“没事的，现在我已经彻底清醒了。姐姐和你讲讲，也是为了让你以后提高警惕。”小丽笑了笑，继续说，“虽然很喜欢那个主播，但是未成年人账号是不许打赏的，所以之前我也只是定时定点地看直播，算是他的超级活跃粉丝。”

“有一天，我看到粉丝群里在讨论，说是打赏榜前10位，有机会获得主播微信，看到主播更多的生活动态。可是我没法打赏，很不甘心，在群里感慨了一下。

“没多久，我发现打赏榜的头号粉丝小倩给我发私信，说可以分享主播的朋友圈，当时我可兴奋极了。没过多久，她说可以帮我联系主播，我可以通过转账的方式进入线下榜单。

“架不住她的一再劝说和诱导，我为了获得更多主播的动态，

前后多次转账，真是昏头了啊，连夏令营费用都被骗走了，后来才知道，他们都是一伙的！

“好在爸爸妈妈及时阻止了我，不然可能会被骗着做出更危险的事情。当时我还和他们大吵了一架，真是不应该。不过现在好了，经过这件事，我终于能重新回到生活的正轨了，你看，这幅画就是我要去参加秋季交流周的作品，好看吗？”

杜可看着画上生机勃勃的向日葵，由衷地为小丽感到开心，画中那道明媚的彩虹，不就是风雨之后才能见到的靓丽风景吗？

安全小贴士

◆谨防“直播”骗局

未成年人观看直播要适度，要在“青少年模式”下观看，切勿受不良主播诱导而沉迷其中，耽误学业。

随着直播的流行，直播间成为诈骗的新土壤。一些传统的诈骗手段披上了直播的外衣。看直播尽量选择正规、合法的直播平台。对于直播间观众发布的广告信息要谨慎，对任何免费领取奖品的信息要小心。

在涉及网络直播的诈骗案件中，大多数受骗用户是被不法分子引流至第三方平台后实施的诈骗。在观看直播时，务必对引导去第三方平台的行为提高警惕，做到不透露个人信息、不接受交友邀请、不在非正规渠道下载软件、不选择私下交易、不点击不明付款链接。

思考一下，你认为还需要注意什么呢？快来写一写吧

自动售货机

二、昂贵的“免费”

周日中午，杜可与冯周参加完社区举办的义工活动后，冯周提议去附近刚开业的面馆吃面。忙了一上午的杜可早已饥肠辘辘，便欣然答应了。

半路上，他们经过一个自动售货机。看着里面琳琅满目的饮料，杜可与冯周都不禁咽了咽口水。“买瓶饮料喝吧。”杜可欢快地拉着冯周来到自动售货机前。

选好想喝的饮料后，杜可立即拿出手机，对准机身显眼处的二维码扫码支付了6元。她美滋滋地收起手机，等待自己选好的饮料出货。可左等右等，自动售货机毫无动静。

“这是怎么回事儿啊？”杜可皱着眉头问冯周。

冯周也百思不得其解：“是不是机器坏了呀？”

“有可能，我们还是联系一下客服问问吧。”杜可无奈地说。

“嘟嘟嘟……”几声铃响后，电话接通了，杜可连忙说：“您好，刚才我扫码支付了一瓶6元的饮料，但一直没有出货，想问问是不是售货机坏了呀？”

但客服查询后却说：“您好，系统显示没有您的付款记录。”

“不可能啊，我明明支付成功了！”杜可此时心急火燎，说话声音都不自觉地提高了。

“您先别急，请问您扫的二维码是镶嵌在机器内部的吗？”

“哦？不是的，是贴在机器上的。”杜可扫了一眼她刚付款的二维码，说。

“我们自动售货机的二维码都是镶嵌在机器内部或者显示在电子大屏幕上的，您可能扫描了一个伪造的二维码。”

杜可这才知道自己上当受骗了，挂掉电话后，两人立即报警。不多久，民警来到现场，在附近抓获了一个在自动售货机上粘二维码的嫌疑人。被捕时，嫌疑人身上还搜出了十多张崭新的二维码。

杜可跟冯周仔细端详着那些假二维码，发现他们与平日里所见的二维码并无差别，可以达到以假乱真的地步。冯周问：“民警叔叔，我们该怎么区分真假二维码呢？它们长得实在是太像了。一不小心就会被骗。”

民警耐心地对他们讲解道：“现在的骗子手段越来越高明。所以在扫码支付前，一定要看清楚对方的账户跟名称。如果遇到喷涂或贴在机身上的二维码，就要留神了，这很可能是骗子的个人账户。”

说话间，民警接到了新的出警通知。通话完毕后，民警想了想，问二人说：“两位小朋友，刚才我们接到的新案子也与网络诈骗有关，要不要一起去看看？”

北菜
wifi
串

“好啊，谢谢叔叔！”遇上这样千载难逢的现场学习机会，他们怎会错过，立马随民警来到附近的案发地点。报警人王先生一见到民警，连忙三步并两步上前陈述遭遇。

“今天我在一家餐馆吃饭，用了他们家的免费WiFi登录网上银行。过了一会儿，银行给我发来短信说我的银行卡内被取走了五百元现金，但我的银行卡一直在身上没动过。”

安抚好他的情绪，民警通过询问餐馆老板得知，王先生所连的WiFi并不是店里提供的免费WiFi。

“那，这难道是一个免费WiFi陷阱，故意引诱客人去连接？”杜可类比刚才自己的遭遇试探着分析。

“说得很对，不法分子就是利用了人们免费蹭网的心理，提供一个与附近WiFi类似的网络，利用安全漏洞来获取用户个人隐私信息，进而实施犯罪。”民警夸奖道。

“看来老话是对的：天下没有免费的午餐。遇到免费WiFi时一定不要轻易连接。”冯周恍然大悟。

“没错，我们尽量不要使用免费WiFi，如果要使用也不要进行涉及个人信息的操作。平时关闭手机自动连接WiFi功能，这样可以减少被骗的概率。”民警说。

杜可与冯周连连点头，这趟“出警”旅程，真是意义非凡啊！

支付宝
wifi
菜

安全小贴士

识别假冒二维码

1. 自制的二维码虽然做工相对粗糙，但与大家常见的付款码极为相似，还会额外附加“便民服务唯一付款码”“请选择商品，再根据商品金额支付”等信息，极易以假乱真。在支付前，务必看清收款方名称，确认无误再付款。

2. 我们在商场超市经常会碰到扫码送礼的推广活动，但有些活动扫码后要求填写个人身份信息，就很容易导致个人隐私泄露。

3. 在公交站等地，有些骗子会以“初创公司做活动”等借口请路人帮忙扫码，这些二维码可能带有病毒，使人陷入被盗刷的风险中。

4. 路边停车后，有些骗子会在车上贴伪造的“违法停车告知单”，让车主扫描二维码“交罚款”。

如何防范扫码骗局？

1. 自动售货机等二维码通常镶嵌在机器内部或显示于机器屏幕上，若发现机器上有喷涂、粘贴的二维码，不要轻易扫码付款。遇到假二维码，要及时报警，防止他人受骗。

2. 不随意扫二维码，尤其在扫码后要保护好个人信息，不下载来历不明程序软件，以防自己及亲人朋友的信息被泄露。

免费 WiFi 不免费

1. 我国的无线网络覆盖非常广，很多公共场所都有免费无线网，但没有密码的无线网络不要轻易连接。无线网络也需要成本，如此免费可能有诈。

2. 不法分子可能通过提供一个与附近公共 WiFi 类似的网络来设套，比如在肯德基餐厅附近，将无线网络命名为 KFC-Free 等，当人们连接后，他们再利用手机或电脑的安全漏洞获得用户的隐私信息，实施犯罪。

如何防范免费 WiFi 骗局？

1. 尽量不使用不需要任何验证的免费 WiFi，使用商家等公共场所的 WiFi 资源要仔细核对用户名，避免在公共网络上操作 QQ、微博、支付宝、网银等，以防被“钓鱼”。

2. 若必须使用支付等敏感功能，请切换到自己的手机移动网络再进行相应操作。

3. 关闭手机 WiFi 自动连接功能，否则手机会自动连接公共 WiFi，增加被骗的概率。

4. 对家里的路由器设备定期更换密码，且设置的密码要有一定复杂度，防止被轻易破解。

思考一下，你认为还需要注意什么呢？快来写一写吧

朋友圈
网络安全

三、 谁在偷窥你的朋友圈?

在今天的网络安全教育课上，老师在黑板上写下三个大字——朋友圈，然后转身对同学们说："这堂课我们就来讨论一下朋友圈里的安全隐患。有哪位同学想与大家聊聊你的经历或者思考？"

"朋友圈里都是自己认识的人，能有什么安全隐患啊？"同学们叽叽喳喳地小声讨论着。

这时，许依举起了手，得到老师的许可后走上讲台说："因为姐姐的一次恐怖经历，我发现朋友圈的确会有隐患。"

看着大家疑惑的目光，许依继续说："我姐姐很喜欢在朋友圈晒自己的生活近况，一天，她参加某个活动后无意添加的好友突然和她打了声招呼，那个男生先是夸了我姐姐的朋友圈内容丰富，让他感受到了生活美好。"

"这不挺好的嘛，有人欣赏自己，还多了一位聊天好友。"杜可说。

“我姐姐当时也这么认为。但进一步了解后，她觉得并不投缘，但没想到那个男生像狗皮膏药一样黏上了我姐，并以知道家庭住址来威胁她。”

“啊，你姐姐把家庭住址告诉他了呀？”一个同学问。

“没有，但姐姐的朋友圈里能看出小区样貌及门牌号，有几条动态还开启了定位，所以那个男生轻易地知道了。我们赶紧报警，防止出现什么意外情况。”许依说完，台下的同学一阵骚动。

“没想到，晒朋友圈不仅能吸引点赞，还能一不小心被某些图谋不轨的人盯上。”关关说。

“是啊，他们就跟福尔摩斯一样，通过窥探朋友圈的蛛丝马迹，收集你的信息，分析出你的地址还有生活规律。”

“太可怕了。”杜可大惊失色。

“因为我们的朋友圈不仅有熟悉的朋友，还有一些只有一面之缘或是碍于情面添加的所谓朋友，这就给自己埋下了安全隐患。”高睿分析道。

“所以我们在朋友圈晒生活时，不要过多暴露个人隐私，必要时可以打上马赛克，针对一些萍水相逢的朋友，可以将他们单独分到一组。”

“而且要关闭微信里显示地理位置的功能，不能为不法分子主动奉上地图。”

同学们纷纷举一反三，关关环顾了一下四周，试探性地把手举了起来。老师微笑着说：“关关同学有什么想分享的？”

关关害羞地站上讲台，深吸一口气，说：“不知道大家有没有自己经历过或者看到父母参与过朋友圈的集赞活动。”

“昨天我妈妈还发动朋友圈里的亲朋好友给她点赞，说集够五十个赞就可以享受五折优惠。”一位女同学迫不及待地说。

关关点了点头，继续说：“我叔叔一周前参加了一个集赞‘一元赢空调’的活动。这个活动要求在朋友圈里发一条广告，并集齐150个赞，就可以获得一台空调。叔叔很快就集齐了150个赞，并在微信里向组织方提供了自己的个人信息。但后来对方说，空调发放完了，叔叔没在名额之内。本来叔叔也没觉得怎么样，没想到几天后，他的手机就收到了上百条短信。”

“啊，上百条！”同学们惊呼。

马赛克

“对，短信内容五花八门，有电商推销、旅游推荐，还有房屋买卖。叔叔报警后才知道，他给对方提供的个人信息被恶意出售，所以造成了信息泄露。”

“天啊，原来这样的集赞活动也会造成信息泄露啊！”

“是的，有些不良商家发布集赞活动后，会在消费者兑换商品时套取个人信息，声称会将礼物邮寄给消费者。但实际把信息却转手卖给了别有用心的人。”高睿说。

这时，老师走上讲台，对同学们说：“面对集赞的活动，要保持理性，千万不要被小便宜冲昏了头脑。参与活动时，要提前与商家进行好沟通，确定活动的真实性、可靠性，以及后续是否还有相应的费用。”

“只有再三小心，反复确认，不占小便宜，常怀警惕心，才能防微杜渐，不让骗子得逞。”杜可感慨道。

¥
100

安全小贴士

朋友圈里的“窥伺”者

1. 当下很多人的朋友圈里除了知根知底的朋友，还有不少只有一面之缘的人，某种程度上埋下了安全隐患。

2. 很多人习惯把网络社交平台当成自己的“日记本”，若过多地晒出自己的隐私，可能会被别有所图的人收集，进而分析出你的生活规律甚至家庭住址，带来严重后果。

如何安全管理朋友圈？

1. 住址、工作、学习等照片或视频，不宜过多出现在朋友圈中。在朋友圈中频繁发布这类内容，对我们，特别是对女生和儿童，可能会带来较大的安全隐患。

2. 晒生活时，注意不要过多暴露行踪，必要时打上马赛克，以防被人利用。

3. 关闭微信里显示地理位置的功能，将朋友圈设置为授权可见，将微信好友分组，关闭“允许陌生人查看十条朋友圈”功能，不轻信“摇一摇”搜到的好友，不发私密照片。

朋友圈里的集赞骗局

1. 集满一定数量的赞可获得奖品或优惠，是一些商家用于吸引消费者的活动，但很多时候，当你集满后去兑换奖品时，却会发现奖品可能是伪劣商品或有偿商品。

2. 兑换奖品时，有些商家会要求消费者提供个人信息和手机号码，并宣称会把奖品以邮寄方式寄出，但在这个过程中，你的个人信息可能已经被转手卖给了别有用心的人。

如何防范集赞骗局？

1. 遇到这类活动，要保持理性，切勿贪图小便宜。参与活动前要与商家沟通好，确定活动真实可靠，确认有无后续费用。

2. 集赞活动中，若商家要求填写个人信息等，要保持警惕，尤其不要泄露自己的银行账号和密码。

思考一下，你认为还需要注意什么呢？快来写一写吧

101

四、游戏旋涡

高睿放学回家，刚进楼梯便听到邻居小义家传来激烈的吵架声："我上网玩会儿游戏怎么了，管那么多干什么！""一天玩十几个小时，饭也不吃，觉也不睡……"

回家后，高睿向妈妈讲述了这件事。妈妈叹了口气说："小义最近迷上了网络游戏，本来是个懂事活泼的孩子，成绩也不错，现在却每天萎靡不振，听说学习成绩也一落千丈。"

"啊！这可不行，长时间上网会对身心造成很大伤害。"高睿皱着眉头说。

"是啊，小义现在还学会逃学去网吧了，回来一身烟味，他妈妈怎么说也不听。唉，沉迷游戏太可怕了，你可不能这样啊。"妈妈摇摇头，转身去洗菜了。

不久后的一天，高睿的父母回到家后，在饭桌上讨论起来，"今天小义妈妈给我打电话了，说小义这孩子用他爸爸的手机给骗子转了好几千块钱，今天下午他们刚去派出所报了案。”妈妈说。

高睿听了之后大吃一惊，急忙问道：“小义是怎么被骗的啊？”

妈妈说：“小义不是一直在打游戏嘛，有一天，他打游戏的时候遇到了一个陌生人加他好友，夸他游戏打得好，接着又说可以免费领游戏顶级皮肤，但得先加他QQ好友。小义就加上了。”

“然后呢然后呢？”高睿放下筷子，聚精会神地听着。

“然后那个骗子声称扫码就可以免费领取游戏皮肤，接着就把一个二维码给小义发了过去。小义也没多想就扫了码，但紧接着手机便出现异常提醒。这时候骗子说得交押金才能解除故障。小义慌忙之下便打过去几千块钱。”

“我们老师在网络安全课上曾经讲过，如果遇到二维码，不能随便扫。随便扫码很可能会中病毒，或者被别人盗取个人信息。”高睿回忆课上老师的告诫。

“那之后故障就解除啦？”高睿接着问。

“故障倒是解除了，但小义再给骗子发消息，就得不到回信了。什么免费皮肤都没有了。”

支出：
¥6000

“这孩子，把家长的辛苦钱‘送给’骗子了。”爸爸无奈地说。

“转账不是需要转账密码吗？小义怎么会知道他爸爸的转账密码？”高睿大惑不解地问。

“可能是他趁家长付款的时候在一边偷偷地看着，特意记下来了吧。”爸爸猜测。

妈妈摇了摇头，说：“现在的孩子，思想太单纯，又总觉得自己不会上当，才这么容易被骗。出了事后，小义一直瞒着父母不敢说。直到小义的爸爸看到银行发的短信才知道这件事。”

“说到底还是沉迷网络、沉迷游戏惹的祸呀。过于迷恋虚拟世界，就会与现实脱节，还会痛失钱财。小义的惨痛教训就是反面教材，你可不能学他呀。”高睿爸爸拍拍高睿的肩膀，语重心长地说。

“是呀，游戏能改变一个人很多。之前小义是多好的孩子呀！我同事的孩子也是因为沉迷游戏，去网吧跟人打架，住院好几天了。现在一些网络游戏暴力元素太多，动画效果也做得很逼真。小孩子模仿能力很强，又缺少分辨能力和自制力。”妈妈也叮嘱道。

“游戏里的钱可以再充，但现实中的钱说没就没了。游戏里的人物可以死而复生，但现实中的生命只有一次啊！”高睿爸爸总结道。

ko

安全小贴士

为什么学生易沉迷于网络？

1. 中小学生正处于生理、心理成长阶段，好奇心强，喜欢刺激，网络游戏的成瘾机制正是利用了这一点。其实，很多成年人也会沉迷其中无法自拔。

2. 学生面临着学校的课业压力和升学压力，成绩不好或考试失利时容易产生无助感和挫败感，有些同学就会利用网络游戏逃避现实，寻找安慰，长久下来会给自己的身心带来巨大伤害。

长时间上网的生理危害

1. 容易引起视觉疲劳，导致视力下降，形成近视眼。

2. 受到更多的辐射，导致身体抵抗力下降，如容易感冒、皮肤粗糙等，服药治疗效果不佳。

3. 容易诱发颈椎病、肩周炎等“过劳病”。

4. 很多沉迷网游的人生活日夜颠倒，身体得不到充分休息，体质下降，严重者甚至会心源性猝死。青少年身体尚未发育完全，久坐玩网游发生猝死的概率比成年人更大。

5. 如果上网时觉得胸闷、心慌、呼吸不畅，要立即停止上网，可通过深呼吸、闭目休息等方式调节身体。

沉迷网络的心理危害

1. 影响心理和性格

沉迷网络会导致青少年出现情绪障碍和社会适应困难，对虚拟网络的依恋会造成与社会脱节的问题，沉迷网游的中小学生通常会有冷漠、孤独、易怒、易紧张、社交恐惧等性格缺陷。

2. 侵蚀道德标准

部分网游为了吸引青少年玩家，赚取巨额利润，会大肆鼓吹利己主义、拜金主义，内容荒诞低级，不仅会导致青少年丧失理想，降低社会责任感和道德感，甚至会令青少年丧失基本的做人准则。

3. 诱发犯罪

中小学生尚未形成正确的“三观”，容易受到无良网游中不良角色的影响，并效仿至真实生活中，严重者甚至会犯罪，造成难以挽回的后果。

思考一下，你认为还需要注意什么呢？快来写一写吧

兼职

五、被偷走的账号

杜可放暑假后，平日里在家闲来无事，一直想赚点外快来补贴自己的“小金库”。

巧的是，有一天杜可的朋友小宇通过QQ给她发来消息，“杜可，我最近在做一项兼职，只要每天固定时间刷单就能提取佣金，你有兴趣吗？”

杜可刚开始还比较犹豫，因为之前妈妈曾告诫过她，网络刷单都是骗子的手段，不能轻信。

但小宇又发来了消息：“这个刷单任务我一直做着，赚了不少钱呢。你别犹豫了，跟我一起做吧。”

小宇和杜可一直是很要好的朋友，杜可觉得她推荐给自己的肯定不会有假。于是，她询问小宇该怎么做才能进行刷单任务。

小宇说：“你先下载一个兼职App。我再跟你说该怎么完成注册。”

按照小宇的指引，杜可下载了一个叫“兼职”的软件，之后通过这个软件，小宇让杜可加上一位名叫“风花雪月”的联系人。

“风花雪月”询问了杜可每天在线的时间以及年龄之后，给她发来消息：“我们现在是给平台商品增加知名度，你只要按照我的要求抢任务就可以。佣金一单是30至60元，可以吗？”

杜可答应了。接着“风花雪月”又问：“我们做任务需要有单独的银行卡号，你有吗？”

“没问题！”杜可开心地回答。

杜可用的是家里的备用手机，主要为了假期方便和爸爸妈妈联络，巧的是，妈妈为了培养杜可的理财意识，用自己的银行卡帮杜可注册了一个实名微信，杜可收到的压岁钱和零花钱都存在这个微信账户里。

第一天，杜可完成了几单任务后成功获得了佣金，她还给小宇发过去截图炫耀，“你看，我赚到钱了！”可小宇并没有回复。杜可也没有在意，毕竟小宇之前就不怎么登录QQ。

第二天，当杜可继续做任务的时候，出现了一个商品金额2000多元的“爆单”，这个时候杜可的账户里已经没有那么多钱了，她赶紧问：“我里面的钱不够啊，能不能取消这款订单？”

联系人立马给她发过来消息：“不能取消的，你只能先去借钱充值，然后才能再完成提现。”

杜可不敢用爸妈的钱，怕被他们发现，只好去向自己的朋友借钱，可还是没凑齐那么多，联系人得知杜可没有借到钱，说：“那我先帮你垫上剩余的钱，之后再把钱还给我吧。”

你只能先去借钱
充值，然后才能再
完成提现
QQ

爆单
¥100 00

杜可以为事情就这样结束了，当她再次刷单时，又遇到了“爆单”，并且金额比上次的还要大，这个时候她起了疑心，问联系人：“我能不能不干了？你把我的佣金和本金返给我。”

联系人却一口回绝：“只有你完成手头上所有的刷单任务，才能一起返还。”

杜可着急了，再次给小宇发过去消息，还是没有回应，她又给小宇打电话：“小宇，你发给我的刷单任务怎么总是‘爆单’？你遇到过这样的情况吗？”

小宇既惊讶又困惑地说：“我没给你发过什么任务呀，我最近都没有登录QQ，难道我的QQ号被盗了？”

杜可这才意识到她被骗了，连忙告诉父母。在民警的努力下，杜可被骗的钱得以追回，犯罪团伙也被一网打尽。原来小宇之前点开了一个陌生文件，里面什么都没有，小宇也没当回事，殊不知掉进了骗子设置的盗号陷阱里。

网络安全教育课上，老师经过杜可的同意后，将她的经历讲述给其他同学。老师说：“我们在进行好友备注的时候不要写出完整姓名，也不要在分组和备注中透露身份相关等重要信息，防止账号被盗后骗子利用备注信息行骗。”

“即便是自己好朋友发的消息，只要涉及金钱，都要再三核对，不能轻易相信。”杜可面带愧色地补充。

“还有，我们要仔细甄别网络上的陌生文件，可以在电脑上安装防护软件，防止自己的重要信息泄露。”小宇也补充道。

安全小贴士

朋友网上借钱，到底要不要借？

如今被盗号的情况非常普遍，若遇到朋友在网上借钱，务必保持警惕，即使使用视频验证，涉及财务和个人隐私内容要慎之又慎，最好通过其他方式，如电话或其他聊天工具再次确认。

如何防范骗子盗号？

1. 确保自己上网设备安全，谨防自己社交账号被盗，不随意连接公共网络，定期检查上网设备，更换账号密码。

2. 社交网络要分组，但不要过于细致，备注不要写出完整姓名，不在分组和备注名中透露自己的重要信息，防止账号被盗后骗子利用备注信息行骗。

3. 网上涉及财务问题，应再三确认对方身份，不要用网络上可以找到的信息来验证提问。

陌生文件有危险

1. 无论是谁通过 QQ、微信等通信工具向你发送文件，都要仔细甄别，确认无误后再打开查看。

2. 应在电脑上安装防护软件。

3. 点开陌生文件中毒后通常紧随其后的就是账号被盗、信息泄露，发现被盗号后要第一时间找回账号，通知亲朋好友不要上当并更换关键信息。

4. 有亲属在异地生活、工作、学习的，要让亲属多提供一些当地的朋友、同学、同事或其他亲属的联系方式，以防在发生紧急情况联系不上本人时，通过他人确认对方状态。

思考一下，你认为还需要注意什么呢？快来写一写吧

黑板报
网络安全
购物
个人信息：

六、法网恢恢

在网络安全教育课上，老师分享了两个案例。

江苏省盐城市徐女士在网购平台购物后，收到一条看似淘宝系统发出的短信。短信内容称，徐女士的订单未生效，可以进行快捷退款。

徐女士点开短信中的链接后看到一个退款界面，要求填写姓名、身份证号、银行卡卡号及银行预留手机等信息。但在填写相关信息不久后，徐女士收到银行发来的扣款短信，显示自己的银行卡被扣款3000元。

安徽省合肥市的王女士接到一个陌生号码来电，对方自称是某购物网站的客服人员，因发现王女士的付款存在问题，所以需要王女士提供自己的银行卡号，给王女士退款，同时还要求王女士将发货方式改为货到付款。

由于王女士恰好刚刚在该网站购过物，而且对方也准确地说出

了她所购买的商品信息，因此王女士对于这个电话并没有产生什么怀疑。

随后，该号码向王女士发送了一个带有退款链接的短信，要求王女士在页面上进行退款操作。王女士在该系统上填写了网银的账号、密码、验证码以及身份证号等信息。随后，王女士收到银行的扣款短信，其网银账户被扣掉了600元。

“这两个案例都是关于退款诈骗的。”冯周抢先说。

“不仅如此，还涉及了个人信息泄露的问题。退款诈骗是一种成功率很高的网络诈骗形式，成功率高的主要原因就在于骗子对受害者的身份信息和购物信息了如指掌，从而使受害者很难识破这种骗局。”老师补充道。

“我们的信息是怎么被泄露的呢？”杜可不解地问。

“途径可多了。譬如你玩一款游戏填写的个人信息，都可能被不法分子利用。而且案例中骗子搭建的钓鱼网站，也是诱导受害者在上面填写个人信息，从而掌握很多重要的信息。”高睿说。

“高睿说得对，据统计显示，在四年的时间里，已被公开并被证实已经泄露的中国公民个人信息就多达10亿多条，内容包括账号密码、电子邮件、电话号码、通信录、家庭住址，甚至是身份证号码等信息。但是，被公开的这10亿多条个人信息很可能只是冰山一角。”老师说。

“这种行为实在是太可恶了。不法分子最后被绳之以法了吗？”杜可问。

“那当然了，天网恢恢，疏而不漏。诈骗公私财物，数额较大的，处三年以下有期徒刑、拘役或者管制，并处或者单处罚金；数额巨大或者有其他严重情节的，处三年以上十年以下有期徒刑，并处罚金；数额特别巨大或者有其他特别严重情节的，处十年以上有期徒刑或者无期徒刑，并罚金或者没收财产。”老师义正词严地说。

“法律绝对会严惩这些不法分子，严厉打击这些不法行为。”杜可握紧了拳头。

“如今人们的网络安全意识还是比较薄弱的。国家保障网络安全是为了人民，但同时人们也要加强自身的网络安全意识。往小了说，这样是为了保障个人信息安全，维护我们的合法权益与私有财产；往大了说，网络安全与国家安全紧密相关，我们每个网民都有一份责任在身！”老师注视着台下的同学，目光炯炯。

“这样看来，网络安全教育课真的太重要了！我们通过学习知识在日常生活中提高了警惕，减少了被骗的概率。我们应该将所学多向周围的人宣传，让更多的人受益。”关关总结道。

“加强网络安全意识，从我做起！”大家异口同声地宣誓。

从我做起

安全小贴士

正确保护个人隐私的小妙招

1. 在网络中，玩游戏或交友时不透露自己真实姓名、住址、电话、照片等，切勿公开自己和家人的有关信息，也不要在论坛等公域网络谈论个人信息，如身份证号、生日、住址、电话、工作单位、学校等隐私。

2. 尽量选择大品牌应用，不轻易在一些小众应用软件内留下个人信息，以防泄露。在平台注册时不要留下个人信息。

3. 要有防备陌生人的意识。多数骗子在建立初步信任后就开始行骗，对于不熟悉但无事献殷勤的人要特别留意，注意他们是否在套取你的个人信息。

4. 留意突然联系你的老朋友。很多时候骗子盗号后会联系账号中的熟人，要谨记通过电话与对方取得联系，尤其在涉及财务往来时。

思考一下，你认为还需要注意什么呢？快来写一写吧